$$6^3 + 8^3 = 9^3 - 1$$
$$9^3 + 10^3 = 12^3 + 1$$
$$64^3 + 94^3 = 103^3 + 1$$
$$71^3 + 138^3 = 144^3 - 1$$
$$73^3 + 144^3 = 150^3 + 1$$
$$135^3 + 138^3 = 172^3 - 1$$
$$135^3 + 235^3 = 249^3 + 1$$
$$334^3 + 438^3 = 495^3 + 1$$
$$372^3 + 426^3 = 505^3 - 1$$
$$426^3 + 486^3 = 577^3 - 1$$
$$242^3 + 720^3 = 729^3 - 1$$
$$244^3 + 729^3 = 738^3 + 1$$
$$566^3 + 823^3 = 904^3 - 1$$
$$791^3 + 812^3 = 1010^3 - 1$$
$$236^3 + 1207^3 = 1210^3 - 1$$
$$368^3 + 1537^3 = 1544^3 + 1$$
$$1033^3 + 1738^3 = 1852^3 + 1$$
$$1010^3 + 1897^3 = 1988^3 + 1$$
$$575^3 + 2292^3 = 2304^3 - 1$$
$$577^3 + 2304^3 = 2316^3 + 1$$
$$1938^3 + 2820^3 = 3097^3 - 1$$
$$2676^3 + 3230^3 = 3753^3 - 1$$
$$3097^3 + 3518^3 = 4184^3 + 1$$
$$3753^3 + 4528^3 = 5262^3 + 1$$
$$1124^3 + 5610^3 = 5625^3 - 1$$
$$1126^3 + 5625^3 = 5640^3 + 1$$
$$2196^3 + 5984^3 = 6081^3 - 1$$
$$1943^3 + 6702^3 = 6756^3 - 1$$
$$4083^3 + 8343^3 = 8657^3 + 1$$
$$1851^3 + 8675^3 = 8703^3 - 1$$
$$5856^3 + 9036^3 = 9791^3 + 1$$
$$3987^3 + 9735^3 = 9953^3 + 1$$
$$1943^3 + 11646^3 = 11664^3 - 1$$
$$1945^3 + 11664^3 = 11682^3 + 1$$

$$4^3 - 1$$
$$11161^3 + 11468^3 = 14258^3 + 1$$
$$3318^3 + 16806^3 = 16849^3 - 1$$
$$10866^3 + 17328^3 = 18649^3 - 1$$
$$13294^3 + 19386^3 = 21279^3 + 1$$
$$3086^3 + 21588^3 = 21609^3 - 1$$
$$3088^3 + 21609^3 = 21630^3 - 1$$
$$3453^3 + 24965^3 = 24987^3 - 1$$
$$17328^3 + 27630^3 = 29737^3 - 1$$
$$10876^3 + 31180^3 = 31615^3 + 1$$
$$16617^3 + 35442^3 = 36620^3 + 1$$
$$4607^3 + 36840^3 = 36864^3 - 1$$
$$4609^3 + 36864^3 = 36888^3 + 1$$
$$28182^3 + 31212^3 = 37513^3 - 1$$
$$10230^3 + 37887^3 = 38134^3 - 1$$
$$25765^3 + 33857^3 = 38239^3 - 1$$
$$27238^3 + 33412^3 = 38599^3 + 1$$
$$5700^3 + 38782^3 = 38823^3 + 1$$
$$27784^3 + 35385^3 = 40362^3 + 1$$
$$11767^3 + 41167^3 = 41485^3 + 1$$
$$31212^3 + 34566^3 = 41545^3 - 1$$
$$26914^3 + 44521^3 = 47584^3 + 1$$
$$7251^3 + 49409^3 = 49461^3 - 1$$
$$34199^3 + 46212^3 = 51762^3 - 1$$
$$38305^3 + 51762^3 = 57978^3 + 1$$
$$6560^3 + 59022^3 = 59049^3 - 1$$
$$6562^3 + 59049^3 = 59076^3 + 1$$
$$49193^3 + 50920^3 = 63086^3 + 1$$
$$15218^3 + 66198^3 = 66465^3 - 1$$
$$29196^3 + 66167^3 = 68010^3 - 1$$
$$54101^3 + 56503^3 = 69709^3 - 1$$
$$32882^3 + 69479^3 = 71852^3 - 1$$
$$51293^3 + 64165^3 = 73627^3 - 1$$
$$27835^3 + 72629^3 = 73967^3 + 1$$

$$17384^3 + 78244^3 = 78529^3 - 1$$
$$35131^3 + 76903^3 = 79273^3 + 1$$
$$7364^3 + 83692^3 = 83711^3 + 1$$
$$65601^3 + 67402^3 = 83802^3 + 1$$
$$50313^3 + 80020^3 = 86166^3 + 1$$
$$8999^3 + 89970^3 = 90000^3 - 1$$
$$9001^3 + 90000^3 = 90030^3 + 1$$
$$58462^3 + 87383^3 = 95356^3 - 1$$
$$75263^3 + 94904^3 = 108608^3 - 1$$
$$84507^3 + 89559^3 = 109747^3 - 1$$
$$99800^3 + 104383^3 = 128692^3 - 1$$
$$11978^3 + 131736^3 = 131769^3 - 1$$
$$11980^3 + 131769^3 = 131802^3 + 1$$
$$81404^3 + 130119^3 = 139974^3 - 1$$
$$39892^3 + 151118^3 = 152039^3 + 1$$
$$20848^3 + 152953^3 = 153082^3 + 1$$
$$86103^3 + 153422^3 = 161976^3 - 1$$
$$93066^3 + 152526^3 = 163297^3 - 1$$
$$59728^3 + 182458^3 = 184567^3 + 1$$
$$15551^3 + 186588^3 = 186624^3 - 1$$
$$15553^3 + 186624^3 = 186660^3 + 1$$
$$146996^3 + 204290^3 = 227033^3 - 1$$
$$99457^3 + 222574^3 = 229006^3 + 1$$
$$105570^3 + 237095^3 = 243876^3 - 1$$
$$19772^3 + 257010^3 = 257049^3 - 1$$
$$19774^3 + 257049^3 = 257088^3 + 1$$
$$190243^3 + 219589^3 = 259495^3 + 1$$
$$152526^3 + 249972^3 = 267625^3 - 1$$
$$120039^3 + 275616^3 = 283006^3 - 1$$
$$107258^3 + 278722^3 = 283919^3 + 1$$
$$158967^3 + 312915^3 = 326033^3 + 1$$
$$57055^3 + 339590^3 = 340126^3 - 1$$
$$24695^3 + 345702^3 = 345744^3 - 1$$
$$24697^3 + 345744^3 = 345786^3 + 1$$

$$113208^3 + 342719^3 = 346788^3 - 1$$
$$294121^3 + 325842^3 = 391572^3 + 1$$
$$289511^3 + 331954^3 = 393316^3 - 1$$
$$315750^3 + 340623^3 = 414082^3 - 1$$
$$151499^3 + 434305^3 = 440365^3 - 1$$
$$135097^3 + 439312^3 = 443530^3 + 1$$
$$293999^3 + 403346^3 = 449846^3 - 1$$
$$30374^3 + 455580^3 = 455625^3 - 1$$
$$30376^3 + 455625^3 = 455670^3 + 1$$
$$372106^3 + 444297^3 = 518292^3 + 1$$
$$243876^3 + 547705^3 = 563370^3 + 1$$
$$191709^3 + 579621^3 = 586529^3 + 1$$
$$36863^3 + 589776^3 = 589824^3 - 1$$
$$36865^3 + 589824^3 = 589872^3 + 1$$
$$336820^3 + 583918^3 = 619111^3 + 1$$
$$257118^3 + 664572^3 = 677161^3 - 1$$
$$197144^3 + 708282^3 = 713337^3 - 1$$
$$198550^3 + 713337^3 = 718428^3 + 1$$
$$44216^3 + 751638^3 = 751689^3 - 1$$
$$44218^3 + 751689^3 = 751740^3 + 1$$
$$309874^3 + 746831^3 = 764206^3 - 1$$
$$434905^3 + 780232^3 = 822898^3 + 1$$
$$283896^3 + 815498^3 = 826809^3 - 1$$
$$590896^3 + 734217^3 = 844422^3 + 1$$
$$436626^3 + 822825^3 = 861920^3 + 1$$
$$658625^3 + 743413^3 = 886447^3 - 1$$
$$466727^3 + 867679^3 = 910541^3 + 1$$
$$375703^3 + 902654^3 = 923848^3 - 1$$
$$52487^3 + 944730^3 = 944784^3 - 1$$
$$52489^3 + 944784^3 = 944838^3 + 1$$
$$298405^3 + 944409^3 = 954237^3 + 1$$
$$692518^3 + 912121^3 = 1029448^3 + 1$$
$$311999^3 + 1052540^3 = 1061600^3 - 1$$
$$386559^3 + 1076664^3 = 1093024^3 - 1$$

$$584945^3 + 1111126^3 = 1162730^3 + 1$$
$$267369^3 + 1159696^3 = 1164414^3 + 1$$
$$61730^3 + 1172832^3 = 1172889^3 - 1$$
$$61732^3 + 1172889^3 = 1172946^3 + 1$$
$$835582^3 + 1017073^3 = 1178194^3 + 1$$
$$926271^3 + 951690^3 = 1183258^3 - 1$$
$$342648^3 + 1240119^3 = 1248778^3 - 1$$
$$595815^3 + 1224516^3 = 1269838^3 - 1$$
$$598938^3 + 1235098^3 = 1280367^3 + 1$$
$$294241^3 + 1298345^3 = 1303363^3 - 1$$
$$971298^3 + 1159352^3 = 1352601^3 - 1$$
$$840457^3 + 1329252^3 = 1432950^3 + 1$$
$$71999^3 + 1439940^3 = 1440000^3 - 1$$
$$72001^3 + 1440000^3 = 1440060^3 + 1$$
$$942902^3 + 1309108^3 = 1455241^3 - 1$$
$$1150782^3 + 1388672^3 = 1613673^3 - 1$$
$$1077936^3 + 1568978^3 = 1722969^3 - 1$$
$$664572^3 + 1717710^3 = 1750249^3 - 1$$
$$83348^3 + 1750266^3 = 1750329^3 - 1$$
$$83350^3 + 1750329^3 = 1750392^3 + 1$$
$$391926^3 + 1764081^3 = 1770506^3 + 1$$
$$991477^3 + 1921123^3 = 2005399^3 + 1$$
$$323106^3 + 2037441^3 = 2040146^3 + 1$$
$$1557846^3 + 1724442^3 = 2073025^3 - 1$$
$$95831^3 + 2108238^3 = 2108304^3 - 1$$
$$95833^3 + 2108304^3 = 2108370^3 + 1$$
$$270036^3 + 2174679^3 = 2176066^3 - 1$$
$$585335^3 + 2198374^3 = 2212120^3 - 1$$
$$1613673^3 + 1947250^3 = 2262756^3 + 1$$
$$1608994^3 + 1966929^3 = 2275038^3 + 1$$
$$1033744^3 + 2217497^3 = 2289986^3 + 1$$
$$1724442^3 + 1908852^3 = 2294713^3 - 1$$
$$371913^3 + 2319816^3 = 2322998^3 + 1$$
$$717383^3 + 2345915^3 = 2368067^3 - 1$$

$$802863^3 + 2342519^3 = 2373543^3 - 1$$
$$1460926^3 + 2185247^3 = 2384230^3 - 1$$
$$826809^3 + 2375020^3 = 2407962^3 + 1$$
$$126384^3 + 2418902^3 = 2419017^3 - 1$$
$$109502^3 + 2518500^3 = 2518569^3 - 1$$
$$109504^3 + 2518569^3 = 2518638^3 + 1$$
$$569233^3 + 2847605^3 = 2855167^3 - 1$$
$$124415^3 + 2985912^3 = 2985984^3 - 1$$
$$124417^3 + 2985984^3 = 2986056^3 + 1$$
$$2070710^3 + 2622263^3 = 2996672^3 - 1$$
$$870648^3 + 3045844^3 = 3069375^3 + 1$$
$$1711152^3 + 2952206^3 = 3132585^3 - 1$$
$$409959^3 + 3298146^3 = 3300256^3 - 1$$
$$194400^3 + 3359231^3 = 3359448^3 - 1$$
$$181731^3 + 3430423^3 = 3430593^3 + 1$$
$$140624^3 + 3515550^3 = 3515625^3 - 1$$
$$140626^3 + 3515625^3 = 3515700^3 + 1$$
$$680001^3 + 3922590^3 = 3929390^3 + 1$$
$$2342173^3 + 3649369^3 = 3946165^3 + 1$$
$$1949111^3 + 3816726^3 = 3979152^3 - 1$$
$$158183^3 + 4112706^3 = 4112784^3 - 1$$
$$158185^3 + 4112784^3 = 4112862^3 + 1$$
$$2032057^3 + 3979152^3 = 4148490^3 + 1$$
$$1138080^3 + 4153335^3 = 4181626^3 - 1$$
$$1696605^3 + 4199823^3 = 4290157^3 - 1$$
$$2490688^3 + 4036722^3 = 4330839^3 + 1$$
$$2451251^3 + 4241155^3 = 4498205^3 + 1$$
$$2930483^3 + 4078769^3 = 4531013^3 - 1$$
$$177146^3 + 4782888^3 = 4782969^3 - 1$$
$$177148^3 + 4782969^3 = 4783050^3 + 1$$
$$2950093^3 + 4563675^3 = 4942311^3 + 1$$
$$3120516^3 + 4817796^3 = 5219711^3 + 1$$
$$252990^3 + 5460695^3 = 5460876^3 - 1$$
$$960876^3 + 5485238^3 = 5495049^3 - 1$$

$$1583072^3 + 5479935^3 = 5523624^3 - 1$$
$$197567^3 + 5531820^3 = 5531904^3 - 1$$
$$197569^3 + 5531904^3 = 5531988^3 + 1$$
$$3136575^3 + 5249670^3 = 5599126^3 - 1$$
$$2278520^3 + 5494656^3 = 5622273^3 - 1$$
$$3132585^3 + 5404564^3 = 5734782^3 + 1$$
$$3415999^3 + 5971688^3 = 6323188^3 - 1$$
$$219500^3 + 6365442^3 = 6365529^3 - 1$$
$$219502^3 + 6365529^3 = 6365616^3 + 1$$
$$935579^3 + 6446455^3 = 6453017^3 + 1$$
$$3133443^3 + 6224275^3 = 6478461^3 + 1$$
$$1496190^3 + 6503871^3 = 6530158^3 - 1$$
$$4009346^3 + 6010926^3 = 6554817^3 - 1$$
$$5444135^3 + 5593538^3 = 6954572^3 - 1$$
$$242999^3 + 7289910^3 = 7290000^3 - 1$$
$$243001^3 + 7290000^3 = 7290090^3 + 1$$
$$4886612^3 + 6704518^3 = 7477319^3 + 1$$
$$694871^3 + 7480660^3 = 7482658^3 - 1$$
$$3780495^3 + 7460406^3 = 7770898^3 - 1$$
$$3672005^3 + 7502221^3 = 7784683^3 - 1$$
$$3937833^3 + 7770898^3 = 8094312^3 + 1$$
$$6068841^3 + 6878418^3 = 8188028^3 + 1$$
$$268118^3 + 8311596^3 = 8311689^3 - 1$$
$$268120^3 + 8311689^3 = 8311782^3 + 1$$
$$2262489^3 + 8655627^3 = 8706851^3 + 1$$
$$2849927^3 + 9288481^3 = 9377065^3 - 1$$
$$294911^3 + 9437088^3 = 9437184^3 - 1$$
$$294913^3 + 9437184^3 = 9437280^3 + 1$$
$$3839082^3 + 9535175^3 = 9738264^3 - 1$$
$$6749453^3 + 8916487^3 = 10054259^3 + 1$$
$$8115082^3 + 8639906^3 = 10565327^3 + 1$$
$$323432^3 + 10673190^3 = 10673289^3 - 1$$
$$323434^3 + 10673289^3 = 10673388^3 + 1$$
$$4352425^3 + 10888577^3 = 11115619^3 - 1$$

$$4943478^3 + 11079424^3 = 11398215^3 + 1$$
$$6133220^3 + 11089609^3 = 11682662^3 + 1$$
$$1503690^3 + 11851704^3 = 11859767^3 + 1$$
$$3910091^3 + 11815931^3 = 11956967^3 - 1$$
$$353735^3 + 12026922^3 = 12027024^3 - 1$$
$$353737^3 + 12027024^3 = 12027126^3 + 1$$
$$9128380^3 + 10350265^3 = 12318874^3 + 1$$
$$8132577^3 + 11013150^3 = 12328118^3 + 1$$
$$5883445^3 + 11948787^3 = 12406503^3 + 1$$
$$5049540^3 + 12555332^3 = 12821889^3 - 1$$
$$6074854^3 + 12361724^3 = 12832583^3 + 1$$
$$8802051^3 + 11787443^3 = 13237719^3 - 1$$
$$6891147^3 + 12606121^3 = 13258227^3 + 1$$
$$385874^3 + 13505520^3 = 13505625^3 - 1$$
$$385876^3 + 13505625^3 = 13505730^3 + 1$$
$$1171425^3 + 13729481^3 = 13732323^3 - 1$$
$$4980050^3 + 14505999^3 = 14699070^3 - 1$$
$$4063130^3 + 14706936^3 = 14809593^3 - 1$$
$$8612137^3 + 13903010^3 = 14927228^3 + 1$$
$$419903^3 + 15116436^3 = 15116544^3 - 1$$
$$419905^3 + 15116544^3 = 15116652^3 + 1$$
$$10556150^3 + 13257748^3 = 15192457^3 - 1$$
$$9773614^3 + 14256506^3 = 15647521^3 - 1$$
$$7499265^3 + 16250392^3 = 16766208^3 + 1$$
$$2629808^3 + 16755258^3 = 16776825^3 - 1$$
$$455876^3 + 16867338^3 = 16867449^3 - 1$$
$$455878^3 + 16867449^3 = 16867560^3 + 1$$
$$8465878^3 + 16354449^3 = 17078130^3 + 1$$
$$8585580^3 + 16503335^3 = 17244126^3 - 1$$
$$2174679^3 + 17513262^3 = 17524432^3 - 1$$
$$1491876^3 + 17593665^3 = 17597240^3 - 1$$
$$1793305^3 + 17798992^3 = 17805058^3 + 1$$
$$8328072^3 + 17831745^3 = 18417788^3 + 1$$
$$12015624^3 + 16669350^3 = 18534025^3 - 1$$

$$493847^3 + 18766110^3 = 18766224^3 - 1$$
$$493849^3 + 18766224^3 = 18766338^3 + 1$$
$$12107642^3 + 17114434^3 = 18934031^3 + 1$$
$$8862999^3 + 18776580^3 = 19413010^3 - 1$$
$$8403647^3 + 19144184^3 = 19669412^3 - 1$$
$$7715152^3 + 19294178^3 = 19696919^3 + 1$$
$$533870^3 + 20820852^3 = 20820969^3 - 1$$
$$533872^3 + 20820969^3 = 20821086^3 + 1$$
$$3729260^3 + 22220423^3 = 22255382^3 - 1$$
$$3070518^3 + 22582070^3 = 22600977^3 - 1$$
$$575999^3 + 23039880^3 = 23040000^3 - 1$$
$$576001^3 + 23040000^3 = 23040120^3 + 1$$
$$17040007^3 + 19429370^3 = 23072464^3 - 1$$
$$2162194^3 + 24299792^3 = 24305497^3 - 1$$
$$18211239^3 + 20312857^3 = 24340671^3 + 1$$
$$13210433^3 + 23143501^3 = 24497479^3 - 1$$
$$620288^3 + 25431726^3 = 25431849^3 - 1$$
$$620290^3 + 25431849^3 = 25431972^3 + 1$$
$$4342157^3 + 25460677^3 = 25502705^3 + 1$$
$$14718738^3 + 23970879^3 = 25693858^3 - 1$$
$$4517713^3 + 25816677^3 = 25862709^3 + 1$$
$$15421521^3 + 25845562^3 = 27559542^3 + 1$$
$$666791^3 + 28005138^3 = 28005264^3 - 1$$
$$666793^3 + 28005264^3 = 28005390^3 + 1$$
$$16300351^3 + 26904548^3 = 28767064^3 - 1$$
$$1622990^3 + 29467735^3 = 29469376^3 - 1$$
$$20930327^3 + 26152368^3 = 30020706^3 - 1$$
$$21890203^3 + 25586297^3 = 30088501^3 - 1$$
$$4510018^3 + 30141114^3 = 30174735^3 + 1$$
$$715562^3 + 30769080^3 = 30769209^3 - 1$$
$$715564^3 + 30769209^3 = 30769338^3 + 1$$
$$20548965^3 + 27608193^3 = 30975461^3 + 1$$
$$20686119^3 + 27678752^3 = 31091982^3 - 1$$
$$5485238^3 + 31312890^3 = 31368897^3 - 1$$

$$24626489^3 + 27034393^3 = 32614865^3 + 1$$
$$3561011^3 + 32890857^3 = 32904765^3 - 1$$
$$18882874^3 + 30700370^3 = 32917585^3 - 1$$
$$20126458^3 + 30681097^3 = 33332344^3 + 1$$
$$18749231^3 + 31427427^3 = 33510675^3 - 1$$
$$766655^3 + 33732732^3 = 33732864^3 - 1$$
$$766657^3 + 33732864^3 = 33732996^3 + 1$$
$$15673103^3 + 33171738^3 = 34299270^3 - 1$$
$$7338042^3 + 34623460^3 = 34732983^3 + 1$$
$$3539306^3 + 34788514^3 = 34800721^3 - 1$$
$$12372983^3 + 34299639^3 = 34828143^3 - 1$$
$$19690548^3 + 32679534^3 = 34907113^3 - 1$$
$$14736354^3 + 34084009^3 = 34978548^3 + 1$$
$$22415041^3 + 31651454^3 = 35026094^3 + 1$$
$$22190999^3 + 33415294^3 = 36402544^3 - 1$$
$$820124^3 + 36905490^3 = 36905625^3 - 1$$
$$820126^3 + 36905625^3 = 36905760^3 + 1$$
$$21549241^3 + 34277686^3 = 36909376^3 + 1$$
$$11516722^3 + 38770312^3 = 39106135^3 + 1$$
$$17954214^3 + 37937496^3 = 39233161^3 - 1$$
$$16263355^3 + 38819573^3 = 39748657^3 - 1$$
$$876023^3 + 40296966^3 = 40297104^3 - 1$$
$$876025^3 + 40297104^3 = 40297242^3 + 1$$
$$26641932^3 + 36177252^3 = 40465153^3 - 1$$
$$12600292^3 + 40300873^3 = 40707334^3 + 1$$
$$29986519^3 + 35613884^3 = 41627554^3 - 1$$
$$23700033^3 + 39093747^3 = 41804821^3 - 1$$
$$5057130^3 + 42753178^3 = 42776751^3 + 1$$
$$10084287^3 + 43514124^3 = 43693912^3 - 1$$
$$934406^3 + 43916988^3 = 43917129^3 - 1$$
$$934408^3 + 43917129^3 = 43917270^3 + 1$$
$$15467597^3 + 43316151^3 = 43963845^3 - 1$$
$$28325951^3 + 40742772^3 = 44873640^3 - 1$$
$$28804770^3 + 40833633^3 = 45141146^3 + 1$$

$$20636621^3 + 43755225^3 = 45234783^3 - 1$$
$$29799660^3 + 40465153^3 = 45261276^3 + 1$$
$$15016895^3 + 46116138^3 = 46640922^3 - 1$$
$$13689318^3 + 47055887^3 = 47438946^3 - 1$$
$$995327^3 + 47775600^3 = 47775744^3 - 1$$
$$995329^3 + 47775744^3 = 47775888^3 + 1$$
$$17384452^3 + 47496790^3 = 48260743^3 + 1$$
$$31197889^3 + 44873640^3 = 49423332^3 + 1$$
$$37649676^3 + 40714530^3 = 49441753^3 - 1$$
$$11709120^3 + 49506495^3 = 49723876^3 - 1$$
$$1379085^3 + 51162443^3 = 51162777^3 - 1$$
$$32377822^3 + 47127212^3 = 51752615^3 + 1$$
$$23097112^3 + 50234297^3 = 51811850^3 + 1$$
$$1058840^3 + 51883062^3 = 51883209^3 - 1$$
$$1058842^3 + 51883209^3 = 51883356^3 + 1$$
$$1054096^3 + 52250567^3 = 52250710^3 - 1$$
$$30270978^3 + 50075367^3 = 53520256^3 - 1$$
$$29403060^3 + 51043607^3 = 54108114^3 - 1$$
$$25268779^3 + 52299987^3 = 54196581^3 + 1$$
$$21091412^3 + 53355775^3 = 54432484^3 - 1$$
$$28042569^3 + 52792570^3 = 55308252^3 + 1$$
$$1124999^3 + 56249850^3 = 56250000^3 - 1$$
$$1125001^3 + 56250000^3 = 56250150^3 + 1$$
$$38117447^3 + 50722500^3 = 57070374^3 - 1$$
$$25409049^3 + 56117134^3 = 57802428^3 + 1$$
$$32679534^3 + 54236778^3 = 57933793^3 - 1$$
$$22898078^3 + 58367263^3 = 59519110^3 - 1$$
$$45074978^3 + 50608932^3 = 60478041^3 - 1$$
$$1193858^3 + 60886656^3 = 60886809^3 - 1$$
$$1193860^3 + 60886809^3 = 60886962^3 + 1$$
$$32974136^3 + 60154926^3 = 63291177^3 - 1$$
$$42887809^3 + 57070374^3 = 64212678^3 + 1$$
$$42064370^3 + 57592086^3 = 64268193^3 - 1$$
$$46207950^3 + 55699750^3 = 64749999^3 + 1$$

$$48495624^3 + 54625170^3 = 65190745^3 - 1$$
$$1265471^3 + 65804388^3 = 65804544^3 - 1$$
$$1265473^3 + 65804544^3 = 65804700^3 + 1$$
$$14438425^3 + 65854904^3 = 66085442^3 + 1$$
$$5939449^3 + 66343799^3 = 66359663^3 + 1$$
$$34693282^3 + 63291177^3 = 66590940^3 + 1$$
$$1810542^3 + 66826540^3 = 66826983^3 + 1$$
$$11440836^3 + 69746682^3 = 69849145^3 - 1$$
$$1339892^3 + 71014170^3 = 71014329^3 - 1$$
$$1339894^3 + 71014329^3 = 71014488^3 + 1$$
$$29876269^3 + 69837205^3 = 71614177^3 + 1$$
$$55276262^3 + 58705719^3 = 71869092^3 - 1$$
$$56974849^3 + 59319280^3 = 73290472^3 + 1$$
$$54898967^3 + 61768913^3 = 73750121^3 - 1$$
$$28843604^3 + 73851438^3 = 75289833^3 - 1$$
$$1417175^3 + 76527342^3 = 76527504^3 - 1$$
$$1417177^3 + 76527504^3 = 76527666^3 + 1$$
$$9965529^3 + 77021693^3 = 77077263^3 - 1$$
$$59380775^3 + 64384608^3 = 78094542^3 - 1$$
$$22944594^3 + 79135551^3 = 79773346^3 - 1$$
$$1497374^3 + 82355460^3 = 82355625^3 - 1$$
$$1497376^3 + 82355625^3 = 82355790^3 + 1$$
$$29552447^3 + 81873284^3 = 83137112^3 - 1$$
$$64322159^3 + 69405682^3 = 84364822^3 - 1$$
$$40250044^3 + 83666857^3 = 86663326^3 + 1$$
$$68469288^3 + 71391042^3 = 88144921^3 - 1$$
$$1580543^3 + 88510296^3 = 88510464^3 - 1$$
$$1580545^3 + 88510464^3 = 88510632^3 + 1$$
$$17007798^3 + 90697914^3 = 90896833^3 - 1$$
$$55979235^3 + 86133177^3 = 93386843^3 + 1$$
$$62358911^3 + 84615313^3 = 94664209^3 - 1$$
$$72025201^3 + 78094542^3 = 94723842^3 + 1$$
$$1666736^3 + 95003838^3 = 95004009^3 - 1$$
$$1666738^3 + 95004009^3 = 95004180^3 + 1$$

$$28028316^3 + 94387338^3 = 95204089^3 - 1$$

$$76869289^3 + 78978818^3 = 98196140^3 + 1$$

$$54108114^3 + 93931489^3 = 99570858^3 + 1$$

$$43694206^3 + 96829352^3 = 99708647^3 + 1$$

$$1756007^3 + 101848290^3 = 101848464^3 - 1$$

$$1756009^3 + 101848464^3 = 101848638^3 + 1$$

$$77668497^3 + 85400801^3 = 102957675^3 - 1$$

$$20373708^3 + 103779714^3 = 104040793^3 - 1$$

$$79605528^3 + 86097815^3 = 104546562^3 - 1$$

$$66145186^3 + 97384982^3 = 106647647^3 + 1$$

$$1848410^3 + 109056072^3 = 109056249^3 - 1$$

$$1848412^3 + 109056249^3 = 109056426^3 + 1$$

$$24783080^3 + 111273335^3 = 111681626^3 - 1$$

$$54720538^3 + 109308359^3 = 113700628^3 - 1$$

$$85661556^3 + 94821306^3 = 113989177^3 - 1$$

$$11497614^3 + 114003217^3 = 114042186^3 + 1$$

$$1943999^3 + 116639820^3 = 116640000^3 - 1$$

$$1944001^3 + 116640000^3 = 116640180^3 + 1$$

$$87355898^3 + 97894440^3 = 117076857^3 - 1$$

$$22416497^3 + 118690083^3 = 118956021^3 - 1$$

$$70068225^3 + 112073544^3 = 120546152^3 + 1$$

$$2042828^3 + 124612386^3 = 124612569^3 - 1$$

$$2042830^3 + 124612569^3 = 124612752^3 + 1$$

$$3518451^3 + 125897561^3 = 125898477^3 - 1$$

$$94821306^3 + 104960502^3 = 126177985^3 - 1$$

$$68409408^3 + 119547010^3 = 126590871^3 + 1$$

$$67948021^3 + 119808617^3 = 126690775^3 - 1$$

$$87631225^3 + 111413110^3 = 127155124^3 + 1$$

$$102401675^3 + 106244043^3 = 131483127^3 - 1$$

$$73911115^3 + 123409029^3 = 131679567^3 + 1$$

$$2144951^3 + 132986838^3 = 132987024^3 - 1$$

$$2144953^3 + 132987024^3 = 132987210^3 + 1$$

$$68400999^3 + 134032715^3 = 139725555^3 - 1$$

$$2250422^3 + 141776460^3 = 141776649^3 - 1$$

$$2250424^3 + 141776649^3 = 141776838^3 + 1$$

$$86720617^3 + 130617003^3 = 142285779^3 + 1$$

$$42090350^3 + 141315697^3 = 142549538^3 + 1$$

$$12682249^3 + 144354200^3 = 144386822^3 + 1$$

$$100698302^3 + 128244887^3 = 146283608^3 - 1$$

$$82486916^3 + 140213055^3 = 149147688^3 - 1$$

$$2359295^3 + 150994752^3 = 150994944^3 - 1$$

$$2359297^3 + 150994944^3 = 150995136^3 + 1$$

$$69492288^3 + 145981439^3 = 151052448^3 - 1$$

$$33792776^3 + 150573694^3 = 151138921^3 - 1$$

$$104517759^3 + 133870437^3 = 152418277^3 - 1$$

$$118894560^3 + 132605927^3 = 158904894^3 - 1$$

$$90454863^3 + 148587063^3 = 159012557^3 + 1$$

$$2471624^3 + 160655430^3 = 160655625^3 - 1$$

$$2471626^3 + 160655625^3 = 160655820^3 + 1$$

$$124894680^3 + 131438124^3 = 161584705^3 - 1$$

$$118472618^3 + 138676360^3 = 162987577^3 - 1$$

$$2587463^3 + 170772426^3 = 170772624^3 - 1$$

$$2587465^3 + 170772624^3 = 170772822^3 + 1$$

$$26343292^3 + 175054142^3 = 175252775^3 + 1$$

$$16658105^3 + 176239030^3 = 176288624^3 + 1$$

$$50483319^3 + 176608947^3 = 177973361^3 + 1$$

$$2706866^3 + 181359888^3 = 181360089^3 - 1$$

$$2706868^3 + 181360089^3 = 181360290^3 + 1$$

$$60112064^3 + 182891704^3 = 185031169^3 - 1$$

$$16717488^3 + 186385708^3 = 186430527^3 + 1$$

$$2829887^3 + 192432180^3 = 192432384^3 - 1$$

$$2829889^3 + 192432384^3 = 192432588^3 + 1$$

$$96515767^3 + 185209046^3 = 193563280^3 - 1$$

$$30457830^3 + 199763385^3 = 199999124^3 - 1$$

$$2956580^3 + 204003882^3 = 204004089^3 - 1$$

$$2956582^3 + 204004089^3 = 204004296^3 + 1$$

$$25762626^3 + 207184960^3 = 207317655^3 + 1$$

$$165101997^3 + 167130037^3 = 209300865^3 + 1$$

$$148970823^3 + 182968218^3 = 211279420^3 - 1$$
$$112252513^3 + 202502098^3 = 213402442^3 + 1$$
$$123142936^3 + 200313274^3 = 214759159^3 + 1$$
$$3086999^3 + 216089790^3 = 216090000^3 - 1$$
$$3087001^3 + 216090000^3 = 216090210^3 + 1$$
$$133402428^3 + 197965538^3 = 216390105^3 - 1$$
$$111204630^3 + 206946746^3 = 217140033^3 - 1$$
$$140477734^3 + 208335457^3 = 227758366^3 + 1$$
$$88461964^3 + 223339257^3 = 227872746^3 + 1$$
$$3221198^3 + 228704916^3 = 228705129^3 - 1$$
$$3221200^3 + 228705129^3 = 228705342^3 + 1$$
$$76054868^3 + 226754730^3 = 229571577^3 - 1$$
$$76999654^3 + 229571577^3 = 232423416^3 + 1$$
$$163465182^3 + 202307850^3 = 232992289^3 - 1$$
$$168705370^3 + 199079369^3 = 233259452^3 + 1$$
$$48003327^3 + 236598164^3 = 237255012^3 - 1$$
$$158382782^3 + 216622344^3 = 241804137^3 - 1$$
$$3359231^3 + 241864488^3 = 241864704^3 - 1$$
$$3359233^3 + 241864704^3 = 241864920^3 + 1$$
$$48257271^3 + 247135440^3 = 247747258^3 - 1$$
$$131588649^3 + 238591252^3 = 251249886^3 + 1$$
$$3501152^3 + 255583950^3 = 255584169^3 - 1$$
$$3501154^3 + 255584169^3 = 255584388^3 + 1$$
$$61436978^3 + 255362836^3 = 256542743^3 + 1$$
$$159376380^3 + 240068951^3 = 261510978^3 - 1$$
$$162595898^3 + 239101727^3 = 261918626^3 - 1$$
$$92385645^3 + 258853087^3 = 262717803^3 + 1$$
$$188258274^3 + 232992289^3 = 268330698^3 + 1$$
$$3647015^3 + 269878962^3 = 269879184^3 - 1$$
$$3647017^3 + 269879184^3 = 269879406^3 + 1$$
$$21978625^3 + 270898072^3 = 270946288^3 + 1$$
$$103831818^3 + 274732095^3 = 279589402^3 - 1$$
$$62039547^3 + 281088345^3 = 282092149^3 - 1$$
$$148418320^3 + 268301945^3 = 282658874^3 + 1$$

$$8799292^3 + 283630785^3 = 283633608^3 + 1$$
$$3796874^3 + 284765400^3 = 284765625^3 - 1$$
$$3796876^3 + 284765625^3 = 284765850^3 + 1$$
$$126679424^3 + 278036716^3 = 286539839^3 + 1$$
$$178701390^3 + 276582999^3 = 299498320^3 - 1$$
$$3950783^3 + 300259356^3 = 300259584^3 - 1$$
$$3950785^3 + 300259584^3 = 300259812^3 + 1$$
$$128999999^3 + 292954100^3 = 301065200^3 - 1$$
$$112292415^3 + 295992800^3 = 301284876^3 - 1$$
$$237838989^3 + 241127643^3 = 301744295^3 + 1$$
$$25549969^3 + 301699186^3 = 301760254^3 + 1$$
$$112696895^3 + 302665268^3 = 307786352^3 - 1$$
$$4108796^3 + 316377138^3 = 316377369^3 - 1$$
$$4108798^3 + 316377369^3 = 316377600^3 + 1$$
$$2236020^3 + 317359871^3 = 317359908^3 - 1$$
$$173270508^3 + 300398552^3 = 318501441^3 - 1$$
$$94387338^3 + 317856030^3 = 320606497^3 - 1$$
$$4270967^3 + 333135270^3 = 333135504^3 - 1$$
$$4270969^3 + 333135504^3 = 333135738^3 + 1$$
$$193501830^3 + 311189185^3 = 334360374^3 + 1$$
$$5599295^3 + 336755124^3 = 336755640^3 - 1$$
$$39279335^3 + 340121528^3 = 340296062^3 - 1$$
$$57786241^3 + 340967708^3 = 341520068^3 + 1$$
$$192618126^3 + 319878768^3 = 341644969^3 - 1$$
$$53650076^3 + 341357032^3 = 341798207^3 - 1$$
$$119312946^3 + 343711196^3 = 348438297^3 - 1$$
$$4437350^3 + 350550492^3 = 350550729^3 - 1$$
$$4437352^3 + 350550729^3 = 350550966^3 + 1$$
$$216390105^3 + 321116968^3 = 351003186^3 + 1$$
$$24186725^3 + 352624999^3 = 352662925^3 - 1$$
$$138974293^3 + 359825145^3 = 366606861^3 - 1$$
$$4607999^3 + 368639760^3 = 368640000^3 - 1$$
$$4608001^3 + 368640000^3 = 368640240^3 + 1$$
$$221066221^3 + 346386671^3 = 374120797^3 - 1$$

$$154204482^3 + 367009129^3 = 375867936^3 + 1$$
$$42789673^3 + 376539073^3 = 376723177^3 + 1$$
$$253012310^3 + 334799908^3 = 377332871^3 + 1$$
$$169270126^3 + 366695720^3 = 378344615^3 + 1$$
$$57453607^3 + 382328959^3 = 382760941^3 + 1$$
$$4782968^3 + 387420246^3 = 387420489^3 - 1$$
$$4782970^3 + 387420489^3 = 387420732^3 + 1$$
$$143323222^3 + 392878724^3 = 399136391^3 + 1$$
$$4962311^3 + 406909338^3 = 406909584^3 - 1$$
$$4962313^3 + 406909584^3 = 406909830^3 + 1$$
$$225922623^3 + 392058168^3 = 415620460^3 - 1$$
$$213835868^3 + 398832831^3 = 418351824^3 - 1$$
$$290319920^3 + 368715265^3 = 420959624^3 + 1$$
$$5146082^3 + 427124640^3 = 427124889^3 - 1$$
$$5146084^3 + 427124889^3 = 427125138^3 + 1$$
$$276952649^3 + 385883977^3 = 428546827^3 - 1$$
$$120651290^3 + 426377223^3 = 429573432^3 - 1$$
$$336157795^3 + 348447251^3 = 431413085^3 + 1$$
$$64159777^3 + 431365335^3 = 431837943^3 + 1$$
$$209140137^3 + 422464564^3 = 438901566^3 + 1$$
$$5334335^3 + 448083972^3 = 448084224^3 - 1$$
$$5334337^3 + 448084224^3 = 448084476^3 + 1$$
$$334893612^3 + 376024672^3 = 449344575^3 + 1$$
$$250549820^3 + 428967920^3 = 455752001^3 - 1$$
$$32584497^3 + 460581546^3 = 460635902^3 + 1$$
$$51280318^3 + 460619825^3 = 460831586^3 + 1$$
$$280378153^3 + 423928724^3 = 461400350^3 + 1$$
$$295013865^3 + 422607376^3 = 465935070^3 + 1$$
$$261453745^3 + 438248307^3 = 467298723^3 + 1$$
$$5527124^3 + 469805370^3 = 469805625^3 - 1$$
$$5527126^3 + 469805625^3 = 469805880^3 + 1$$
$$140837106^3 + 476280082^3 = 480350127^3 + 1$$
$$205468908^3 + 474074542^3 = 486605799^3 - 1$$
$$5724503^3 + 492307086^3 = 492307344^3 - 1$$

$$5724505^3 + 492307344^3 = 492307602^3 + 1$$
$$195480118^3 + 484905721^3 = 495271948^3 + 1$$
$$133959849^3 + 493187392^3 = 496460046^3 + 1$$
$$318445896^3 + 450411519^3 = 498217816^3 - 1$$
$$126916673^3 + 497111956^3 = 499854368^3 + 1$$
$$8203002^3 + 501009884^3 = 501010617^3 - 1$$
$$304408239^3 + 467859421^3 = 507382059^3 + 1$$
$$313467184^3 + 465243728^3 = 508526593^3 - 1$$
$$9897338^3 + 513208895^3 = 513210122^3 - 1$$
$$5926526^3 + 515607588^3 = 515607849^3 - 1$$
$$5926528^3 + 515607849^3 = 515608110^3 + 1$$
$$322758243^3 + 476450649^3 = 521440093^3 - 1$$
$$315061156^3 + 481607369^3 = 522908774^3 + 1$$
$$66561974^3 + 523297911^3 = 523656636^3 - 1$$
$$6133247^3 + 539725560^3 = 539725824^3 - 1$$
$$6133249^3 + 539725824^3 = 539726088^3 + 1$$
$$6344720^3 + 564679902^3 = 564680169^3 - 1$$
$$6344722^3 + 564680169^3 = 564680436^3 + 1$$
$$319878768^3 + 531219090^3 = 567365977^3 - 1$$
$$219281500^3 + 565412130^3 = 576198999^3 + 1$$
$$451797561^3 + 464196268^3 = 577145658^3 + 1$$
$$67220890^3 + 587155082^3 = 587448623^3 + 1$$
$$173344257^3 + 583767316^3 = 588818292^3 + 1$$
$$299002959^3 + 562982205^3 = 589798187^3 + 1$$
$$6560999^3 + 590489730^3 = 590490000^3 - 1$$
$$6561001^3 + 590490000^3 = 590490270^3 + 1$$
$$175536666^3 + 590929737^3 = 596048372^3 + 1$$
$$377479668^3 + 549436710^3 = 603362377^3 - 1$$
$$199418561^3 + 597650407^3 = 604961447^3 + 1$$
$$6782138^3 + 617174376^3 = 617174649^3 - 1$$
$$6782140^3 + 617174649^3 = 617174922^3 + 1$$
$$10179219^3 + 620208397^3 = 620209311^3 + 1$$
$$457047089^3 + 552546031^3 = 641644319^3 + 1$$
$$7008191^3 + 644753388^3 = 644753664^3 - 1$$

$$7008193^3 + 644753664^3 = 644753940^3 + 1$$
$$54752638^3 + 646894873^3 = 647025592^3 + 1$$
$$426014972^3 + 581033151^3 = 649090200^3 - 1$$
$$331448319^3 + 623999456^3 = 653731776^3 - 1$$
$$414528234^3 + 603362377^3 = 662580696^3 + 1$$
$$7239212^3 + 673246530^3 = 673246809^3 - 1$$
$$7239214^3 + 673246809^3 = 673247088^3 + 1$$
$$486107287^3 + 594190075^3 = 687289753^3 + 1$$
$$494833692^3 + 597125510^3 = 693875529^3 - 1$$
$$520921417^3 + 585384892^3 = 699287590^3 + 1$$
$$7475255^3 + 702673782^3 = 702674064^3 - 1$$
$$7475257^3 + 702674064^3 = 702674346^3 + 1$$
$$95964151^3 + 704087756^3 = 704681482^3 - 1$$
$$526595917^3 + 597698149^3 = 711082321^3 + 1$$
$$509326626^3 + 625149730^3 = 722048175^3 + 1$$
$$552779418^3 + 607711312^3 = 732697719^3 + 1$$
$$7716374^3 + 733055340^3 = 733055625^3 - 1$$
$$7716376^3 + 733055625^3 = 733055910^3 + 1$$
$$123559927^3 + 735598160^3 = 736758394^3 - 1$$
$$472547044^3 + 672939801^3 = 743052594^3 + 1$$
$$585268588^3 + 624877258^3 = 763159927^3 + 1$$
$$7962623^3 + 764411616^3 = 764411904^3 - 1$$
$$7962625^3 + 764411904^3 = 764412192^3 + 1$$
$$530421732^3 + 668010815^3 = 764787864^3 - 1$$
$$175458484^3 + 763266177^3 = 766344396^3 + 1$$
$$349682982^3 + 743922975^3 = 768833614^3 - 1$$
$$432663558^3 + 728787383^3 = 776435220^3 - 1$$
$$431675833^3 + 741866672^3 = 787696394^3 + 1$$
$$556482130^3 + 685285633^3 = 790592146^3 + 1$$
$$8214056^3 + 796763238^3 = 796763529^3 - 1$$
$$8214058^3 + 796763529^3 = 796763820^3 + 1$$
$$611494713^3 + 656290566^3 = 799650548^3 + 1$$
$$299498473^3 + 789600456^3 = 803709918^3 + 1$$
$$605390106^3 + 676670257^3 = 810136302^3 + 1$$

$$8470727^3 + 830131050^3 = 830131344^3 - 1$$
$$8470729^3 + 830131344^3 = 830131638^3 + 1$$
$$656613606^3 + 682216758^3 = 843718609^3 - 1$$
$$168386705^3 + 848079249^3 = 850286235^3 - 1$$
$$8732690^3 + 864536112^3 = 864536409^3 - 1$$
$$8732692^3 + 864536409^3 = 864536706^3 + 1$$
$$458722746^3 + 821541457^3 = 866687862^3 + 1$$
$$214826642^3 + 871601296^3 = 875929945^3 - 1$$
$$692918847^3 + 711061632^3 = 884599948^3 - 1$$
$$8999999^3 + 899999700^3 = 900000000^3 - 1$$
$$9000001^3 + 900000000^3 = 900000300^3 + 1$$
$$322096641^3 + 886421656^3 = 900376896^3 + 1$$
$$704701002^3 + 730275992^3 = 904265913^3 - 1$$
$$9272708^3 + 936543306^3 = 936543609^3 - 1$$
$$9272710^3 + 936543609^3 = 936543912^3 + 1$$
$$314274920^3 + 926238143^3 = 938144852^3 - 1$$
$$693875529^3 + 837313192^3 = 972979926^3 + 1$$
$$9550871^3 + 974188638^3 = 974188944^3 - 1$$
$$9550873^3 + 974188944^3 = 974189250^3 + 1$$
$$221696999^3 + 971178690^3 = 975014400^3 - 1$$
$$584968365^3 + 915225083^3 = 988807017^3 - 1$$
$$297492500^3 + 1003642583^3 = 1012280642^3 - 1$$
$$9834542^3 + 1012957620^3 = 1012957929^3 - 1$$
$$9834544^3 + 1012957929^3 = 1012958238^3 + 1$$
$$348438297^3 + 1003764862^3 = 1017569760^3 + 1$$
$$393181257^3 + 1006551354^3 = 1026164636^3 + 1$$
$$10123775^3 + 1052872392^3 = 1052872704^3 - 1$$
$$10123777^3 + 1052872704^3 = 1052873016^3 + 1$$
$$735444280^3 + 922775376^3 = 1057778175^3 + 1$$
$$795209430^3 + 900398260^3 = 1072260999^3 + 1$$
$$580956783^3 + 1013913206^3 = 1073875434^3 - 1$$
$$10418624^3 + 1093955310^3 = 1093955625^3 - 1$$
$$10418626^3 + 1093955625^3 = 1093955940^3 + 1$$
$$118313282^3 + 1101352177^3 = 1101807110^3 + 1$$

$$764787864^3 + 963170497^3 = 1102708356^3 + 1$$
$$575326180^3 + 1055224378^3 = 1109402551^3 + 1$$
$$723235182^3 + 1024428889^3 = 1132733496^3 + 1$$
$$10719143^3 + 1136228946^3 = 1136229264^3 - 1$$
$$10719145^3 + 1136229264^3 = 1136229582^3 + 1$$
$$861590519^3 + 950024349^3 = 1143958869^3 - 1$$
$$11025386^3 + 1179716088^3 = 1179716409^3 - 1$$
$$11025388^3 + 1179716409^3 = 1179716730^3 + 1$$
$$229660986^3 + 1206535823^3 = 1209303174^3 - 1$$
$$11337407^3 + 1224439740^3 = 1224440064^3 - 1$$
$$11337409^3 + 1224440064^3 = 1224440388^3 + 1$$
$$954255372^3 + 991012904^3 = 1225879617^3 - 1$$
$$38160524^3 + 1230932608^3 = 1230944833^3 - 1$$
$$888539626^3 + 1075676745^3 = 1248510000^3 + 1$$
$$11655260^3 + 1270423122^3 = 1270423449^3 - 1$$
$$11655262^3 + 1270423449^3 = 1270423776^3 + 1$$
$$899415468^3 + 1124918207^3 = 1290882576^3 - 1$$
$$166406655^3 + 1295683080^3 = 1296597376^3 - 1$$
$$592123905^3 + 1260073918^3 = 1302231486^3 + 1$$
$$11978999^3 + 1317689670^3 = 1317690000^3 - 1$$
$$11979001^3 + 1317690000^3 = 1317690330^3 + 1$$
$$12308678^3 + 1366263036^3 = 1366263369^3 - 1$$
$$12308680^3 + 1366263369^3 = 1366263702^3 + 1$$
$$1043583133^3 + 1133437685^3 = 1373769521^3 + 1$$
$$1022613052^3 + 1195798234^3 = 1405977271^3 + 1$$
$$12644351^3 + 1416167088^3 = 1416167424^3 - 1$$
$$12644353^3 + 1416167424^3 = 1416167760^3 + 1$$
$$769817793^3 + 1377632764^3 = 1453503960^3 + 1$$
$$12986072^3 + 1467425910^3 = 1467426249^3 - 1$$
$$12986074^3 + 1467426249^3 = 1467426588^3 + 1$$
$$277835815^3 + 1469171762^3 = 1472476384^3 - 1$$
$$476604200^3 + 1473121126^3 = 1489566215^3 + 1$$
$$627526135^3 + 1456910852^3 = 1494727594^3 - 1$$
$$13333895^3 + 1520063802^3 = 1520064144^3 - 1$$

$$13333897^3 + 1520064144^3 = 1520064486^3 + 1$$
$$1062065105^3 + 1330315437^3 = 1525819959^3 - 1$$
$$176809777^3 + 1532395714^3 = 1533179926^3 + 1$$
$$447480305^3 + 1539990951^3 = 1552483353^3 - 1$$
$$1087577985^3 + 1358168860^3 = 1559357124^3 + 1$$
$$13687874^3 + 1574105280^3 = 1574105625^3 - 1$$
$$13687876^3 + 1574105625^3 = 1574105970^3 + 1$$
$$106858005^3 + 1574785179^3 = 1574949167^3 + 1$$
$$1073287918^3 + 1412372889^3 = 1594482060^3 + 1$$
$$782423215^3 + 1533517139^3 = 1598608457^3 + 1$$
$$14048063^3 + 1629575076^3 = 1629575424^3 - 1$$
$$14048065^3 + 1629575424^3 = 1629575772^3 + 1$$
$$385830793^3 + 1632544538^3 = 1639696712^3 + 1$$
$$898840511^3 + 1581172108^3 = 1672603864^3 - 1$$
$$767210152^3 + 1621125433^3 = 1676491114^3 - 1$$
$$861956918^3 + 1600536850^3 = 1679870111^3 + 1$$
$$14414516^3 + 1686498138^3 = 1686498489^3 - 1$$
$$14414518^3 + 1686498489^3 = 1686498840^3 + 1$$
$$859650409^3 + 1608947138^3 = 1686909800^3 + 1$$
$$1129542913^3 + 1498348716^3 = 1687452348^3 + 1$$
$$14787287^3 + 1744899630^3 = 1744899984^3 - 1$$
$$14787289^3 + 1744899984^3 = 1744900338^3 + 1$$
$$721913638^3 + 1712388050^3 = 1754131297^3 - 1$$
$$671275791^3 + 1733350062^3 = 1766279530^3 - 1$$
$$415302263^3 + 1759015820^3 = 1766698922^3 - 1$$
$$1079111264^3 + 1653807736^3 = 1794624001^3 - 1$$
$$1194906224^3 + 1599398552^3 = 1796440577^3 - 1$$
$$15166430^3 + 1804804932^3 = 1804805289^3 - 1$$
$$15166432^3 + 1804805289^3 = 1804805646^3 + 1$$
$$15551999^3 + 1866239640^3 = 1866240000^3 - 1$$
$$15552001^3 + 1866240000^3 = 1866240360^3 + 1$$
$$969331512^3 + 1842359991^3 = 1927781290^3 - 1$$
$$15944048^3 + 1929229566^3 = 1929229929^3 - 1$$
$$15944050^3 + 1929229929^3 = 1929230292^3 + 1$$

$$565716214^3 + 1932763868^3 = 1948786055^3 + 1$$
$$710521589^3 + 1936853509^3 = 1968215513^3 + 1$$
$$134154616^3 + 1988517887^3 = 1988721400^3 - 1$$
$$16342631^3 + 1993800738^3 = 1993801104^3 - 1$$
$$16342633^3 + 1993801104^3 = 1993801470^3 + 1$$
$$1522785874^3 + 1645550255^3 = 1998918790^3 - 1$$
$$738508591^3 + 1982606427^3 = 2016190737^3 + 1$$
$$370154126^3 + 2030179295^3 = 2034272678^3 - 1$$
$$407351289^3 + 2038253157^3 = 2043662167^3 - 1$$
$$820192236^3 + 2001044946^3 = 2045960857^3 - 1$$
$$1591023311^3 + 1662858846^3 = 2050815882^3 - 1$$
$$16747802^3 + 2059979400^3 = 2059979769^3 - 1$$
$$16747804^3 + 2059979769^3 = 2059980138^3 + 1$$
$$17159615^3 + 2127792012^3 = 2127792384^3 - 1$$
$$17159617^3 + 2127792384^3 = 2127792756^3 + 1$$
$$707826752^3 + 2133603529^3 = 2159261366^3 + 1$$
$$17578124^3 + 2197265250^3 = 2197265625^3 - 1$$
$$17578126^3 + 2197265625^3 = 2197266000^3 + 1$$
$$1111038036^3 + 2118753791^3 = 2216053812^3 - 1$$
$$1340110385^3 + 2083639930^3 = 2254095374^3 + 1$$
$$1158441682^3 + 2154047785^3 = 2260394848^3 + 1$$
$$1040931244^3 + 2184423798^3 = 2260531335^3 + 1$$
$$18003383^3 + 2268426006^3 = 2268426384^3 - 1$$
$$18003385^3 + 2268426384^3 = 2268426762^3 + 1$$
$$18435446^3 + 2341301388^3 = 2341301769^3 - 1$$
$$18435448^3 + 2341301769^3 = 2341302150^3 + 1$$
$$794799937^3 + 2317502340^3 = 2348253528^3 + 1$$
$$1599947857^3 + 2116670261^3 = 2385731455^3 - 1$$
$$571339382^3 + 2388500287^3 = 2399348038^3 - 1$$
$$1246932410^3 + 2281943113^3 = 2399853116^3 - 1$$
$$18874367^3 + 2415918720^3 = 2415919104^3 - 1$$
$$18874369^3 + 2415919104^3 = 2415919488^3 - 1$$
$$1405034135^3 + 2248329368^3 = 2418091202^3 - 1$$
$$667420374^3 + 2428680375^3 = 2445366520^3 - 1$$

$$19320200^3 + 2492305542^3 = 2492305929^3 - 1$$
$$19320202^3 + 2492305929^3 = 2492306316^3 - 1$$
$$1821942630^3 + 2143040644^3 = 2514057927^3 + 1$$
$$1796422715^3 + 2171337999^3 = 2521653195^3 - 1$$
$$694818177^3 + 2511795907^3 = 2529394755^3 + 1$$
$$19772999^3 + 2570489610^3 = 2570490000^3 - 1$$
$$19773001^3 + 2570490000^3 = 2570490390^3 + 1$$
$$1639816876^3 + 2335989945^3 = 2579153370^3 + 1$$
$$301246107^3 + 2601724227^3 = 2603069765^3 + 1$$
$$451689771^3 + 2599631333^3 = 2604168849^3 - 1$$
$$817867495^3 + 2583916802^3 = 2610946144^3 - 1$$
$$1715784436^3 + 2362687122^3 = 2632353687^3 + 1$$
$$20232818^3 + 2650498896^3 = 2650499289^3 - 1$$
$$20232820^3 + 2650499289^3 = 2650499682^3 + 1$$
$$1283507767^3 + 2627009093^3 = 2725406939^3 + 1$$
$$20699711^3 + 2732361588^3 = 2732361984^3 - 1$$
$$20699713^3 + 2732361984^3 = 2732362380^3 + 1$$
$$680526359^3 + 2737967886^3 = 2751910596^3 - 1$$
$$1903875879^3 + 2467374857^3 = 2798736177^3 - 1$$
$$21173732^3 + 2816106090^3 = 2816106489^3 - 1$$
$$21173734^3 + 2816106489^3 = 2816106888^3 + 1$$
$$1113364788^3 + 2766983248^3 = 2825810367^3 + 1$$
$$2060803394^3 + 2451567586^3 = 2863775281^3 - 1$$
$$1624609225^3 + 2686716308^3 = 2871695846^3 + 1$$
$$208017282^3 + 2876755404^3 = 2877117911^3 + 1$$
$$21654935^3 + 2901761022^3 = 2901761424^3 - 1$$
$$21654937^3 + 2901761424^3 = 2901761826^3 + 1$$
$$1716680720^3 + 2714750977^3 = 2926604768^3 + 1$$
$$1246697735^3 + 2894739517^3 = 2969853829^3 + 1$$
$$22143374^3 + 2989355220^3 = 2989355625^3 - 1$$
$$22143376^3 + 2989355625^3 = 2989356030^3 + 1$$
$$1767944719^3 + 2770613175^3 = 2992350477^3 + 1$$
$$720509185^3 + 3021319278^3 = 3034916526^3 + 1$$
$$654338394^3 + 3034586116^3 = 3044693559^3 + 1$$

$$22639103^3 + 3078917736^3 = 3078918144^3 - 1$$
$$22639105^3 + 3078918144^3 = 3078918552^3 + 1$$
$$992930340^3 + 3046885874^3 = 3081637785^3 - 1$$
$$33981981^3 + 3094474913^3 = 3094476279^3 - 1$$
$$225063282^3 + 3128849823^3 = 3129237946^3 - 1$$
$$1372128633^3 + 3048978216^3 = 3138929018^3 + 1$$
$$312834241^3 + 3148614428^3 = 3149643488^3 + 1$$
$$2514477991^3 + 2517377021^3 = 3169871077^3 - 1$$
$$23142176^3 + 3170477838^3 = 3170478249^3 - 1$$
$$23142178^3 + 3170478249^3 = 3170478660^3 + 1$$
$$973130518^3 + 3179575128^3 = 3209673927^3 + 1$$
$$159619100^3 + 3251841217^3 = 3251969408^3 + 1$$
$$23652647^3 + 3264065010^3 = 3264065424^3 - 1$$
$$23652649^3 + 3264065424^3 = 3264065838^3 + 1$$
$$1154255916^3 + 3223107009^3 = 3271714424^3 + 1$$
$$2325595144^3 + 2887392986^3 = 3321682681^3 - 1$$
$$24170570^3 + 3359708952^3 = 3359709369^3 - 1$$
$$24170572^3 + 3359709369^3 = 3359709786^3 + 1$$
$$2631130158^3 + 2725255158^3 = 3375352945^3 - 1$$
$$24695999^3 + 3457439580^3 = 3457440000^3 - 1$$
$$24696001^3 + 3457440000^3 = 3457440420^3 + 1$$
$$534029203^3 + 3530615541^3 = 3534683463^3 + 1$$
$$1983970397^3 + 3332708887^3 = 3552287315^3 + 1$$
$$25228988^3 + 3557287026^3 = 3557287449^3 - 1$$
$$25228990^3 + 3557287449^3 = 3557287872^3 + 1$$
$$1464257303^3 + 3492177788^3 = 3575961650^3 - 1$$
$$789459393^3 + 3596076226^3 = 3608714418^3 + 1$$
$$1376490751^3 + 3575817260^3 = 3642554428^3 - 1$$
$$25769591^3 + 3659281638^3 = 3659282064^3 - 1$$
$$25769593^3 + 3659282064^3 = 3659282490^3 + 1$$
$$2051863872^3 + 3452360193^3 = 3678782984^3 + 1$$
$$40615608^3 + 3693638386^3 = 3693640023^3 - 1$$
$$1264850921^3 + 3696521137^3 = 3745240217^3 + 1$$
$$26317862^3 + 3763453980^3 = 3763454409^3 - 1$$

$$26317864^3 + 3763454409^3 = 3763454838^3 + 1$$
$$26873855^3 + 3869834832^3 = 3869835264^3 - 1$$
$$26873857^3 + 3869835264^3 = 3869835696^3 + 1$$
$$1268180893^3 + 3840152631^3 = 3885712563^3 + 1$$
$$27437624^3 + 3978455190^3 = 3978455625^3 - 1$$
$$27437626^3 + 3978455625^3 = 3978456060^3 + 1$$
$$729219257^3 + 4020869593^3 = 4028848651^3 - 1$$
$$1077865473^3 + 4026269746^3 = 4051856178^3 + 1$$
$$1016561087^3 + 4055650572^3 = 4076828928^3 - 1$$
$$28009223^3 + 4089346266^3 = 4089346704^3 - 1$$
$$28009225^3 + 4089346704^3 = 4089347142^3 + 1$$
$$1021869505^3 + 4076828928^3 = 4098117876^3 + 1$$
$$1754350426^3 + 4026448436^3 = 4134536377^3 - 1$$
$$1773264089^3 + 4060904041^3 = 4170620731^3 - 1$$
$$28588706^3 + 4202539488^3 = 4202539929^3 - 1$$
$$28588708^3 + 4202539929^3 = 4202540370^3 + 1$$
$$1272605092^3 + 4179710200^3 = 4218670783^3 + 1$$
$$2221231167^3 + 4062970196^3 = 4273200240^3 - 1$$
$$1955973622^3 + 4177797113^3 = 4316082764^3 + 1$$
$$29176127^3 + 4318066500^3 = 4318066944^3 - 1$$
$$29176129^3 + 4318066944^3 = 4318067388^3 + 1$$
$$2780260866^3 + 3904734504^3 = 4327216921^3 - 1$$
$$1205960001^3 + 4316074480^3 = 4347232380^3 + 1$$
$$1995425855^3 + 4236678438^3 = 4379367222^3 - 1$$
$$1226191607^3 + 4357051128^3 = 4389185466^3 - 1$$
$$110240504^3 + 4406901238^3 = 4406924233^3 - 1$$
$$29771540^3 + 4435959162^3 = 4435959609^3 - 1$$
$$29771542^3 + 4435959609^3 = 4435960056^3 + 1$$
$$408858130^3 + 4484466374^3 = 4485598945^3 - 1$$
$$30374999^3 + 4556249550^3 = 4556250000^3 - 1$$
$$30375001^3 + 4556250000^3 = 4556250450^3 + 1$$
$$3076864055^3 + 4050512847^3 = 4572238599^3 - 1$$
$$3594593126^3 + 3705887863^3 = 4600083424^3 - 1$$
$$1351749432^3 + 4578354999^3 = 4617300682^3 - 1$$

$$2029354311^3 + 4484311226^3 = 4618774452^3 - 1$$
$$2656327522^3 + 4311690113^3 = 4624514114^3 + 1$$
$$2736138831^3 + 4296557366^3 = 4638495042^3 - 1$$
$$3478624208^3 + 3876122358^3 = 4646694345^3 - 1$$
$$3506362370^3 + 3896946676^3 = 4676737753^3 - 1$$
$$30986558^3 + 4678969956^3 = 4678970409^3 - 1$$
$$30986560^3 + 4678970409^3 = 4678970862^3 + 1$$
$$2731338567^3 + 4422666096^3 = 4745737270^3 - 1$$
$$31606271^3 + 4804152888^3 = 4804153344^3 - 1$$
$$31606273^3 + 4804153344^3 = 4804153800^3 + 1$$
$$1949447702^3 + 4741321207^3 = 4848723628^3 - 1$$
$$887395809^3 + 4895237502^3 = 4904938646^3 + 1$$
$$32234192^3 + 4931831070^3 = 4931831529^3 - 1$$
$$32234194^3 + 4931831529^3 = 4931831988^3 + 1$$
$$3408701994^3 + 4359111177^3 = 4965600356^3 + 1$$
$$3149681733^3 + 4554891883^3 = 5009939247^3 + 1$$
$$2431114235^3 + 4814174805^3 = 5012546001^3 - 1$$
$$32870375^3 + 5062037442^3 = 5062037904^3 - 1$$
$$32870377^3 + 5062037904^3 = 5062038366^3 + 1$$
$$2930860017^3 + 4745737270^3 = 5092408458^3 + 1$$
$$1924281532^3 + 5011767177^3 = 5104596150^3 + 1$$
$$316237639^3 + 5123419277^3 = 5123820851^3 + 1$$
$$33514874^3 + 5194805160^3 = 5194805625^3 - 1$$
$$33514876^3 + 5194805625^3 = 5194806090^3 + 1$$
$$3481138919^3 + 4724311888^3 = 5285137918^3 - 1$$
$$511505673^3 + 5306374315^3 = 5307958131^3 + 1$$
$$34167743^3 + 5330167596^3 = 5330168064^3 - 1$$
$$34167745^3 + 5330168064^3 = 5330168532^3 + 1$$
$$2099631203^3 + 5243528763^3 = 5353426815^3 - 1$$
$$1739621316^3 + 5294383712^3 = 5356263105^3 - 1$$
$$701833477^3 + 5428744493^3 = 5432651729^3 + 1$$
$$34829036^3 + 5468158338^3 = 5468158809^3 - 1$$
$$34829038^3 + 5468158809^3 = 5468159280^3 + 1$$
$$2514029983^3 + 5313666734^3 = 5494994998^3 - 1$$

$$4130231233^3 + 4643576954^3 = 5546009450^3 + 1$$
$$2494744065^3 + 5396730940^3 = 5568884124^3 + 1$$
$$35498807^3 + 5608811190^3 = 5608811664^3 - 1$$
$$35498809^3 + 5608811664^3 = 5608812138^3 + 1$$
$$4261983811^3 + 4628758907^3 = 5610332575^3 - 1$$
$$1123997591^3 + 5649934144^3 = 5664723586^3 - 1$$
$$1354668123^3 + 5678529735^3 = 5704112681^3 + 1$$
$$2423299586^3 + 5588064142^3 = 5736019007^3 + 1$$
$$36177110^3 + 5752160172^3 = 5752160649^3 - 1$$
$$36177112^3 + 5752160649^3 = 5752161126^3 + 1$$
$$3920556546^3 + 5111416098^3 = 5787027503^3 + 1$$
$$2269638999^3 + 5692059000^3 = 5809887730^3 - 1$$
$$3081369129^3 + 5600092789^3 = 5895235293^3 + 1$$
$$36863999^3 + 5898239520^3 = 5898240000^3 - 1$$
$$36864001^3 + 5898240000^3 = 5898240480^3 + 1$$
$$2497221735^3 + 5762195666^3 = 5914477188^3 - 1$$
$$3023565904^3 + 5692125705^3 = 5963367942^3 + 1$$
$$3640006302^3 + 5534252889^3 = 6015991076^3 + 1$$
$$742876487^3 + 6035570714^3 = 6039319772^3 - 1$$
$$37559528^3 + 6047083686^3 = 6047084169^3 - 1$$
$$37559530^3 + 6047084169^3 = 6047084652^3 + 1$$
$$4420490601^3 + 5151440706^3 = 6064899056^3 + 1$$
$$3763376511^3 + 5624657700^3 = 6137976268^3 - 1$$
$$4228202764^3 + 5382682462^3 = 6140609191^3 + 1$$
$$1010843091^3 + 6132734553^3 = 6141875149^3 - 1$$
$$38263751^3 + 6198727338^3 = 6198727824^3 - 1$$
$$38263753^3 + 6198727824^3 = 6198728310^3 + 1$$
$$4709835942^3 + 5213455596^3 = 6267342025^3 - 1$$
$$2051468207^3 + 6209430510^3 = 6283190514^3 - 1$$
$$4189755690^3 + 5624073820^3 = 6311658999^3 - 1$$
$$1508552398^3 + 6292040762^3 = 6320814241^3 - 1$$
$$38976722^3 + 6353205360^3 = 6353205849^3 - 1$$
$$38976724^3 + 6353205849^3 = 6353206338^3 + 1$$
$$1209303174^3 + 6353136505^3 = 6367708272^3 + 1$$

$$39698495^3 + 6510552852^3 = 6510553344^3 - 1$$
$$39698497^3 + 6510553344^3 = 6510553836^3 + 1$$
$$40429124^3 + 6670805130^3 = 6670805625^3 - 1$$
$$40429126^3 + 6670805625^3 = 6670806120^3 + 1$$
$$2413897326^3 + 6564589606^3 = 6671632431^3 + 1$$
$$1667953255^3 + 6776637860^3 = 6810154126^3 - 1$$
$$41168663^3 + 6833997726^3 = 6833998224^3 - 1$$
$$41168665^3 + 6833998224^3 = 6833998722^3 + 1$$
$$1256411108^3 + 6920063911^3 = 6933842014^3 - 1$$
$$5213455596^3 + 5770926966^3 = 6937504777^3 - 1$$
$$41917166^3 + 7000166388^3 = 7000166889^3 - 1$$
$$41917168^3 + 7000166889^3 = 7000167390^3 + 1$$
$$2402797103^3 + 6913840386^3 = 7009254294^3 - 1$$
$$42674687^3 + 7169347080^3 = 7169347584^3 - 1$$
$$42674689^3 + 7169347584^3 = 7169348088^3 + 1$$
$$3360965626^3 + 6973692105^3 = 7224766980^3 + 1$$
$$43441280^3 + 7341575982^3 = 7341576489^3 - 1$$
$$43441282^3 + 7341576489^3 = 7341576996^3 + 1$$
$$1128871977^3 + 7335989794^3 = 7344889356^3 + 1$$
$$1964012539^3 + 7303519103^3 = 7350557563^3 - 1$$
$$3661114185^3 + 7207157508^3 = 7509232646^3 + 1$$
$$44216999^3 + 7516889490^3 = 7516890000^3 - 1$$
$$44217001^3 + 7516890000^3 = 7516890510^3 + 1$$
$$45001898^3 + 7695324216^3 = 7695324729^3 - 1$$
$$45001900^3 + 7695324729^3 = 7695325242^3 + 1$$
$$45796031^3 + 7876916988^3 = 7876917504^3 - 1$$
$$45796033^3 + 7876917504^3 = 7876918020^3 + 1$$
$$5358043601^3 + 7123078534^3 = 8016811634^3 + 1$$
$$4040778881^3 + 7693477786^3 = 8048411066^3 + 1$$
$$1569293616^3 + 8041330729^3 = 8061203694^3 + 1$$
$$46599452^3 + 8061704850^3 = 8061705369^3 - 1$$
$$46599454^3 + 8061705369^3 = 8061705888^3 + 1$$
$$6379224759^3 + 6554290188^3 = 8149096378^3 - 1$$
$$5536179897^3 + 7296695736^3 = 8233577162^3 + 1$$

$$47412215^3 + 8249725062^3 = 8249725584^3 - 1$$
$$47412217^3 + 8249725584^3 = 8249726106^3 + 1$$
$$74544492^3 + 8323558008^3 = 8323560001^3 - 1$$
$$4674847017^3 + 7893870018^3 = 8406387764^3 + 1$$
$$48234374^3 + 8441015100^3 = 8441015625^3 - 1$$
$$48234376^3 + 8441015625^3 = 8441016150^3 + 1$$
$$5285080337^3 + 7810563953^3 = 8545801211^3 - 1$$
$$397510999^3 + 8574800414^3 = 8575085164^3 - 1$$
$$49065983^3 + 8635612656^3 = 8635613184^3 - 1$$
$$49065985^3 + 8635613184^3 = 8635613712^3 + 1$$
$$49907096^3 + 8833555638^3 = 8833556169^3 - 1$$
$$49907098^3 + 8833556169^3 = 8833556700^3 + 1$$
$$6400916961^3 + 7590840245^3 = 8877548943^3 - 1$$
$$7046419573^3 + 7064749837^3 = 8889494689^3 + 1$$
$$620524688^3 + 8954051071^3 = 8955044344^3 - 1$$
$$50757767^3 + 9034882170^3 = 9034882704^3 - 1$$
$$50757769^3 + 9034882704^3 = 9034883238^3 + 1$$
$$3454645377^3 + 8927393724^3 = 9096606836^3 + 1$$
$$51618050^3 + 9239630592^3 = 9239631129^3 - 1$$
$$51618052^3 + 9239631129^3 = 9239631666^3 + 1$$
$$4703142889^3 + 8817917426^3 = 9243065564^3 + 1$$
$$52487999^3 + 9447839460^3 = 9447840000^3 - 1$$
$$52488001^3 + 9447840000^3 = 9447840540^3 + 1$$
$$119313090^3 + 9449144497^3 = 9449150838^3 - 1$$
$$7528500153^3 + 7658160171^3 = 9567693829^3 - 1$$
$$6870471471^3 + 8222212710^3 = 9583458058^3 - 1$$
$$4142767373^3 + 9395948355^3 = 9657077457^3 - 1$$
$$53367668^3 + 9659547546^3 = 9659548089^3 - 1$$
$$53367670^3 + 9659548089^3 = 9659548632^3 + 1$$
$$7472335050^3 + 8114842124^3 = 9835962105^3 - 1$$
$$54257111^3 + 9874793838^3 = 9874794384^3 - 1$$
$$54257113^3 + 9874794384^3 = 9874794930^3 + 1$$
$$4169374569^3 + 9645972498^3 = 9898937180^3 + 1$$
$$1186756700^3 + 9966917746^3 = 9972523033^3 - 1$$

$1^3 + a^3 = a^3 + 1$ 形式の自明な反例は掲載を省略する。

Q.なにを血迷ってこんな本を作ったんですか？

A.そんなふうに思う人はこの本を買わないと思います。

Q.こんな本を売るなんて、手抜きなんじゃないんですか？

A.私はこの本のために、ほぼフェルマーの最終定理の反例の計算プログラムを作成しました。ふつうの本以上に手間はかかっていると思います。

Q.著作権はどうなっていますか？

A.ほぼフェルマーの最終定理の反例は創作物ではなく、この本はただの事実の羅列なので、この本の主要部分に著作権はありません。他の部分についても著作権を放棄します。引用・転載・複製など自由にやっていただいてけっこうです。

Q.1000の反例って書いてあるのにどうして1020個も書いてあるんですか？

A.反例は多いほうが良いからです。

Q.ほぼフェルマーの最終定理の反例はこれで全部ですか？

A.まさか。今回は式の値が 10^{30} 以下のものを列挙しましたが、反例はまだ沢山あります。実は恒等式も見つかっていたりもします。しかし個別解については無限に存在するかどうかは分かっていません。

ほぼフェルマーの最終定理（さいしゅうていり）の 1000 の反例（はんれい）

2022 年 8 月 17 日 初版 発行

著 者	もる 発案
	TokusiN（とくしん）計算
発行者	星野 香奈（ほしの かな）
発行所	同人集合 暗黒通信団（https://ankokudan.org/d/）
	〒277-8691 千葉県柏局私書箱 54 号 D 係
本 体	200 円 / ISBN978-4-87310-258-0 C3041

$\sum\infty$ この書籍に関して、私は真に驚くべきあとがきを見つけたが、この余白はそれを書くには狭すぎる。それなりに余白がある気がしなくはないけど狭いっったら狭いの！